AF376032

ESSAI

SUR LA

DISPOSITION FAVORABLE

DES ORGANES

DES SENS

PAR P. F. L. P.***

PLAISANCE

DE L'IMPRIMERIE TEDESCHI.
Mars 1808.

Mon but est de faire voir dans cet Essai :

Qu'il peut exister une disposition des Organes des sens , favorable à la Perfection de nos Idées .

Que de cette disposition il peut résulter pour la tête de l' homme des formes qui de tous tems ont été regardées comme le tipe de la Perfection.

Enfin qu' il nous est possible de rendre cette disposition constante en secondant la nature.

Mon intention en publiant cet essai est moins d' attirer l' attention sur mes idées , que de faire voir qu'il est possible d' éviter bien des erreurs et de faire des découvertes importantes en se bornant aux conséquences du principe naturel de nos connoissances ; je me suis d' ailleurs restreint à ce qui etoit

nécessaire pour me faire comprendre ,
et c' en est assez pour faire sentir que
je n'ai d' autre ambition que celle
d' etre utile à cet égard, autant que
mes moyens et les occupations de mon
etat me le permettent.

PRINCIPES

Toutes les idées nous viennent des sensations , C'est un principe généralement adopté , non seulement parcequ'il a été démontré autant qu'il pouvoit l'être , mais parce qu'il est simple et naturel , conditions essentiélles lorsqu'il est question de raisonnement.

Puisque les idées nous viennent des sensations, toutes nos recherches à leur egard doivent d'abord se diriger sur les organes de sens.

DISPOSITIONS PRINCIPALES

Le sens de la vue est sans contredit le plus intéressant, il est celui qui nous fournit le plus d'idées sur les corps qui nous environnent et il nous en fournit d'autant plus que l'œil a plus de facilité a se tourner vers la terre sur laquelle la plus grande partie de ces corps repose, mais il ne nous dit rien de bien positif sur les distances, ni sur les formes des corps, aussi est-il sujet aux illusions.

C'est le toucher qui peut seul détruire les erreurs et lever les incertitudes dans lesquelles la vue nous laisse trés souvent, il est de tous les sens le plus sur et le plus exact et par consequent le plus important sous le rapport du jugement.

Il est facile de remarquer que la vue et le toucher agissant ensemble peuvent nous donner les notions les plus importantes sur les Corps qui leurs sont soumis, l'ouie l'odorat et le gout ont bien aussi leur utilité, mais elle n'est en quelque sorte que secondaire.

Je crois donc que sous le rapport du raisonnement et du Jugement la condition la plus essentielle consiste dans l' accord des deux sens de la vue et du toucher, il fant donc qu'ils soient disposés favorablement pour agir ensemble sans fatigue ni difficulté.

Quoique le toucher s' étende sur presque tout le Corps, néanmoins il a des parties plus sensibles que d' autres, notamment la main qui peut en etre regardée comme le centre, il suffit donc d' étudier les positions des yeux et de la main.

Si l'on se représente l'homme debout et dans l' attitude la plus naturelle, il est facile d' apercevoir les conditions les plus essentielles à l' accord de la main et de la vue, examinons d'abord l' œil, sans faire attention aux conditions favorables de sa conformation et de sa sensibilité particuliere attendû qu'elles sont très faciles a saisir , nous verrons que tout ce qui tend a mettre la surface de l'œil dans un plan parallèle à la surface antérieure du corps doit favoriser cet accord ; mais il est visible , que l'avancement de la partie supérieure de la tête en est une cause nécessaire, et quand bien même cet avancement seroit tel qu'il procureroit à l'œil un inclinaison moderée vers le bas il n'en résulteroit q' une perfection de plus.

Mais ce n'est pas tout, il faut encore que la vue ne rencontre aucun obstacle vers le bas , ainsi il est nécessaire que la partie inferieure du visage soit effacée autant qu'il est possible ; de ces deux premieres conditions il resulte , que dans la position naturelle de la tête , l'accord de la main et de la vue est d'autant plus parfait, que la ligne qui descend du front au menton, prolongée vers le bas, se rapproche plus de la partie inférieure du corps et même y devient fichante jusqu'a un certain point.

La liberté des mouvemens de la tête, celle des bras, sont aussi des conditions importantes, ainsi un embonpoint excessif, des excroissances sous le cou, sont nuisibles ; néanmoins ces defauts ne peuvent avoir des conséquences aussi prejudiciables que la proéminence de la partie inférieure de la face et les autres défauts superieurs qui en sont la suite inévitable.

J' insiste sur les positions naturelles, en effet en levant les bras ou baissant la tête on remédie assez bien aux défauts de conformation, mais il faut considérer que dans l' état de nature l' instruction d' un animal ne dépend que des mouvemens qui ne lui causent aucun mal-aise , attendu qu'il n' a aucune idée morale qui lui fasse sentir le besoin de l' instruction et qui puis-se l'engager a surmonter les difficultés qu'il peut éprouver ; mais tout change dans l'etat de societé comme j' essaye-rai de l' expliquer par la suite.

D'aprés ces premiers aperçus, on doit voir la grande distance qui existe entre l'homme bien conformé et les bêtes , sous le rapport de l' instruction que peut donner l' accord de la main et de la vue (*) ; il suffit pour cela

---

(*) L'Eléphant tient à cet égard le premier rang parmi les bêtes , sa trompe douée d'une grande sensibilité , représente une main qu' il peut constamment et facile-ment mouvoir avec la participation de la vue ; le singe ne tient que le second rang , en effet

d' examiner leur organisation ; ajoutons
y la sensibilité et l' étendue du toucher , qui dans l' homme sont infiniment plus grandes que dans les Bêtes ;
enfin l'avantage dont jouit l' homme de
voir facilement la plus grande partie
de la surface de son corps, tandis que
les bêtes n' en voyent que la plus petite partie et souvent la moins intéres-
sante .

Ce dernier avantage résultant de la
position favorable de l'œil dans l'homme
est infiniment précieux , de plus la

---

il ne peut se servir de ses deux pattes de
devant pour toucher et manier un objet ,
avec la participation de la vue , que lorsqu'il
est en repos et assis , car il ne peut se tenir
facilement debout sur ses deux pattes de
derrière et s'il veut marcher il a besoin du
soutien des deux premières , désavantage
sensible , duquel doit en outre résulter l'in-
sensiblité du toucher .

main lui donne en quelque sorte le sceau de la perfection ; de maniere que rien ne nous manque pour nous assurer de la forme de notre Corps et de toutes les choses qui intéressent notre existence .

Nous devons donc reconnoitre dans l' accord de la main et de la vue, une faculté qui est la source de nos connaissances les plus certaines et les plus importantes ; la vue et la main , agissant ensemble, jugent tout, avec le témoignage des autres sens , on pourroit donc les appeler sens juges; il est bien a croire, que c' est la vue de la main qui fait naitre nos premières reflexions, et qui nous apprend a penser , nous allons voir de plus que c'est elle qui nous donne les moyens de perfectionner nos idées .

IMITATION

Le mouvement de la main est un de nos premiers exercices, d'autant plus qu'il contribue à notre amusement, c'est delà sans doute que nous vient le plaisir que nous prenons à l'imitation ; nous n'imitons d'abord qu'avec la main (*), et si par la suite, nous y employons d'autres parties, ce n'est que par le souvenir du plaisir que nous a procuré l'imitation de la main.

Cette imitation ne se borne pas au geste, mais aussitôt qu'un enfant en est capable elle s'étend à l'imitation

---

(*) Je ne parle pas de l'imitation vocale, attendû qu'elle n'a pas aussi essentiellement rapport avec mes idées.

grafique (*) des objets; tous les enfans y ont plus ou moins d' aptitude
en raison de l'accord de leur main et
de leur vue et à l' exception du singe,
auquel on ne peut refuser quelque faculté à cet egard, toutes les Bêtes pa-
roissent en etre privées.

C' est donc de la main que nait
l' imitation grafique qui nous donne
les moyens de fixer nos idées hors de
nous, avantage inappréciable pour
l'homme, sous le rapport de la perfection et de la communication des
idées.

Nous ne pouvons pas en effet corriger et perfectionner facilement nos
idées lorsqu' elles ne sont pas fixées
hors de nous ; d'ailleurs le perfectionnement des idées n'est jamais plus sur,

----

(*) Dessin.

que lorsque plusieurs hommes y travail-
lent en differens tems , ce qui suppose la
Communication et la fixation materielle
des idées ; c'est pour quoi les Bêtes , à
raison de leur inaptitude à l'imitation
grafique , ne peuvent entreprendre en
commun aucun perfectionnement et en
laisser des monumens durables , aussi
leur experience individuelle est le seul
guide qu'elles puissent avoir pour perfectionner. Voyons maintenant comment
l'imitation grafique a pû fournir les
moyens de donner du corps aux sons.

L'organe de la voix dans l'homme
a une perfection telle , qu'il lui est
possible de rendre et d'imiter une infinité de sons differens ; mais il est à
croire que dans les premiers tems , le
langage se reduisoit à une petite quan-
tité de sons , à raison de la necessité
de les rendre trés distincts ; remarquons

ensuíte une habitude assez naturelle à l'homme, celle d' accompagner les paroles de gestes particulierement des bras ; or non seulement l' esprit d' imitation, mais encore une certaine nécessité de ne rien changer , durent engager les premiers hommes reunis en socièté a conserver à chaque son le geste qui lui avoit été assigné ; ainsi ce geste pouvoit suppléer au son , et il est aisé de sentir l'utilité qui devoit en resulter dans les premiers tems.

Si l'on imagine maintenant un homme prononcant la voyelle O, et disposant en même tems ses deux bras en forme de cercle, d' aprés une convention reconnue , en reunissant superieurement ses deux mains ; ses bras etant dessinés dans cette position, le dessin donnera toujours l' idée d'un homme prononçant la voyelle O , et par abstraction du son O, par ce moyen on aura pû assigner une figure à tous les sons simples, dela on aura passé à des sons composés, et les langues de même que l' ecriture se formerent et se perfectionnerent ainsi avec le tems en se servant mutuellement d' appui. (*)

Il n' est pas de mon sujet d' entrer dans plus de details à cet egard, j'ai seulement voulû faire voir, que l'imitation grafique et la perfection de l'organe de la voix ont dû presider à la formation des langues tant ecrites que parlées, et faire sentir en même tems qu' aucune

---

(*) Il y a si longtems que l'on s'occupe des mêmes recherches, qui font l'objet de cet essai, qu'il est a croire que toutes mes idées ont deja été developpées ou au moins indiquées. Cependant je ne suis pas a même de reconnoitre les réminiscences qui peuvent me guider et par consequent il m' est impossible do citer des auteurs.

béte ne jouissant de ces deux facultés, il leurs est impossible d'y parvenir; en effet le singe peut bien avoir quelqu'aptitude à l'imitation graphique, mais l'organe de sa voix est trop imparfait; au contraire, dans quelques oiseaux la voix a certainement une grande perfection, mais ils n'ont aucune aptitude à l'imitation grafique.

Un des avantages de l'ecriture est de nous faire jouir, même dans un âge peu avancé, de toutes les connoissances que les hommes ont pu acquerir avant nous; un autre avantage est de detruire, ou au moins de rendre insensibles, les differences morales que la perfection des formes ou leur imperfection, peuvent occasionner entre les hommes dans l'état de nature; en effet la vue ou l'ouie suffisent en quelque sorte pour nous donner toutes les idées acqui-

ses avant nous, et surtout les idées morales qui nous font surmonter toutes
les difficultés et les fatigues que nous
eprouvons pour nous instruire.

Je conclus, de tout ce que j'ai dit
precédémment, que l'accord de la main
et de la vue nous donne les moyens de
détruire les erreurs des sens, de ratta-
cher toutes les sensations particulieres
aux objets exterieurs, de fixer nos
idées hors de nous et par consequent
de les perfectionner et accroître par
un travail que l'on pourroit dire mé-
canique ; Je suis donc porté a croire,
que si cet accord n'est pas la base de
toutes nos facultés intellectuelles, il
est au moins la principale cause de
leur développement.

RÉFLEXION

La Réflexion est une veritable diges-
tion d'idées, ainsi de même que celle
des alimens elle doit se faire en repos;
Les sens qui doivent etre ouverts pour
recevoir les impressions, devroient donc
etre fermés, lorsqu'il s'agit de réfle-
chir; nous pouvons facilement faire
cesser les impressions sur la vue, nous
pouvons egalement faire ensorte que
celles qui assiègent l'ouie et le toucher
soient presqu'insensibles, mais la nécessité de la respiration nous empèche de
derober aux impressions l'odorat et le
gout; aussi ou pourroit les regarder
comme les sens perturbateurs de la réflexion.

Pour obvier, à cet inconvenient,
l'homme qui réflechit, respire lente-
ment et c'est sans doute cette retenue

de la respiration qui nuit principale-
ment à notre santé lorsque nous réfle-
chissons trop longtems ; mais c'est un
mal qui souvent procure des plaisirs
et qui ne manque pas de remède.

Si nous recherchons la conformation
la plus avantageuse à cet egard , en
portant d'abord notre attention sur le
sens de l'odorat qui des deux est le
plus sensible , nous verrons que plus le
corps du nez est rapproché de la parallèle à la ligne qui descend du front
au menton , plus l'odorat est à cou-
vert des influences exterieures , et moins
il peut troubler la réflexion ; il faut
cependant y ajouter la condition essentielle que cette derniere ligne , prolongée vers le bas , soit elle-même
parallèle au corps debout lorsque la
tête est droite ; les narines du nez
ainsi conformé n'ont ordinairement

qu'une onverture mediocre ce qui est un autre avantage (*) .

Quant au Gout , il paroit d' abord qu'il ne doive pas etre susceptible de recevoir des impressions de la part de l' air , cependant l' action de l'oxigène de l' air sur les glandes et la salive est très réelle , aussi l' ouverture de la bouche doit ètre moderée ; c' est le dernier trait dont j'aurai a m' occuper et c' est celui sur lequel je dois le plus m'appesantir.

On ne prend pas , surtout à l' egard des enfans, toutes les précautions nécessaires pour empêcher la dilatation forcée

---

(*) On n' a pas , pour les enfans , tous les ménagemens que cette partie mérite et on ne s'ocupe pas des dérangemens qui peuvent en résulter ; cependant si on y refléchissoit bien , on verroit que c' est une des parties qui méritent le plus d' attention.

de la bouche, et il en resulte une infinité de defauts dont on se doute pas. Plus la bouche est grande et plus l'interieur est exposé à l' action de l' oxigène athmospherique, or on ne peut pas nier que l' oxigène n' irrite les glandes de la bouche, ne procure une plus grande sécrètion de la salive et enfin n'augmente l' appetit et la rapidité des digestions ; ainsi une premiere conséquence du defaut de la grandeur de la bouche est de donner une disposition à la voracité ; mais ce n'est pas tout, par suite de ce vice, les muscles de la bouche ainsi que la langue augmentent en grosseur, et si on se representent le tout comme un coin interposé entre les machoires, on voit que ce coin augmente sans cesse de volume, et qu'en resulte t' il ? la machoire inferieure plus appuyée qu' on

ne le pense, surtout par la réaction de
l'Embonpoint du cou, reste à sa place,
alors tout l'effet a lieu sur la partie
superieure de la tête, qui est portée en
arrière et qui entrainant avec elle
le nez et les yeux, donne lieu à des
defauts, que d'après ce que j'ai dit,
on peut reconnoitre comme essentiels
sous le rapport du jugement.

Un autre effet inevitable de cette de-
formation, c'est le retrecissement et l'es-
clavage du cerveau, et quoique ce soit
une chose cachée, il est bien a presumer
que la liberté moderée des mouvemens
du cerveau est une condition essentielle, pour la facilité des opérations de
l'esprit.

Ce pourroit etre ici le cas de com-
parer ce que j'ai dit, avec ce que l'on
a avancé sur les bosses ou renflemens
de crâne, mais je ne me permettrai

à cet egard qu'une seule réflexion .

N'est-il pas possible, que les Crano-logistes ayent pris un effet pour une cause , examinons par exemple l'or-gane du gout , d'aprés ce que je viens de dire , l'usage forcé de cet organe peut faire naître le vice de la vora-cité ; or ce vice doit entrainer une action plus fréquente des muscles de l'organe , mais cette action ne depend que des nerfs qui de quelque partie du cerveau vont se rendre à l'organe ; ces nerfs seront donc plus agités que d'autres voisins , or il est reconnû que les fluides animaux se portent natu-rellement vers la partie qui est le plus en action , cette partie du cerveau se grossira donc plus que ses voisines , et pourra avec les tems occasionner un renflement à la partie correspon-dante du crâne , lequel renflement pourra donner une idée de l'action fréquente des muscles de la bouche et des vices qui peuvent en être la suite.

Je crois donc que les observations faites sur le crâne d'un animal, peuvent donner une idée de son penchant a reïterer l'action de tel sens ou de telle partie du corps, d'ou il peut resulter une disposition morale ou immorale ; mais il est dangereux d'en rester là, attendû que l'homme regarde comme l'effet d'une fatalité qui le poursuit, tous les maux auxquels il ne voit pas de remède certain, et c'est le cas des bosses ou renflemens du crane tant qu'on ne leurs donne pas une cause sur laquelle on puisse agir ; ne vaut-il donc pas mieux chercher nos vices là ou le bon sens nous dit qu'ils sont, or il faut aller droit aux sens et faire voir qu'il ne tient qu'a nous de les corriger .

Si on examine les enfans en bas âge on ne leurs trouve pas dans les formes de la téte , les differences qui existent à cet egard entre les hommes faits , il est donc a croire qu'elles naissent particulierement de l' usage plus ou moins forcé de la bouche , ainsi en réglant cet usage , nous réglons la nature, ou pour mieux dire , nous faisons cesser les contrarietés qui s'oposent à la perfection de ce qu' elle fait , car elle tend sans cesse à la perfection et elle y arrive lors qu'elle n'est pas contrariée.

On ne peut pas s' imaginer combien de vices naissent de l'usage forcé du sens du gout, si on vouloit bien les analiser , on seroit peut etre fort etonné de les y reconnoitre tous ; Si nous examinons les bêtes, nous voyons que leur ferocité ou leur docilité est en raison du developpement de l'organe du gout ; on pourroit donc avancer que tous les vices qui nous rapprochent des bêtes, tant pour les formes que pour les habitudes, siègent dans notre bouche, tandis que les qualités qui nous en eloignent resident dans notre main ; on n'auroit peut-ètre qu'un reproche a faire à cette dernière, c'est l'abus de puissance dans lequel peut nous jetter l'orgueil qu'elle nous inspire, mais si l'on etudie les consequences du travail de la main, lorsque ce travail est employé à un ouvrage utile à la societé, on verra qu'elles nous conduisent à des idées morales qui mettent un frein à cet abus.

Jusqu'a ce moment je n'ai entendu

parler que de la dégénération provenant de l' usage forcé de la bouche, mais il faut y ajouter celle provenant d' une nouriture recherchée, dissolvante et peu substantielle , et on peut les considérer separement, quoique souvent elles puissent etre reunies dans le même individû.

Le première se démontre par l' imperfection des formes de la tête , aussi elle tend à l' aneantissement des facultés intellectuelles ; mais les formes et la force du corps se conservent et souvent même cette dernière reçoit un accroissement . Cette dégénération résulte naturellement de l'etat sauvage , en effet dans cet etat l'homme mange à la maniere des bêtes sans menagemens ni précautions ; on voit donc que l'homme sauvage dégénére comme être pensant, mais non comme animal ;

on a remarqué que le travail d'esprit nuisoit à la force du corps et celà a fait dire qu'un être pensant etoit un animal dégénéré, mais il faut observer que si nous perdons un peu de la force du Corps par la réfléxion, les facultés intellectuelles qu'elle nous fait acquerir nous en dedommagent au centuple.

La seconde dégénération est l'effet de perfectionnemens mal entendus dans la maniere de préparer les alimens, et d'une délicatesse qui en est la suite ; si elle n'est pas combinée avec la première, les formes de la tête n'en sont pas d'abord alterées, mais comme elle tend à la destruction de la force du corps, la tête doit nécessairement tôt ou tard participer de cette dégénération ; or il est aisé d'en sentir les résultats ; je sais que l'on peut citer bien des hommes entierrement livrés aux plaisirs de la table et jouissant cependant de l'apparence d'une parfaite santé, mais pour l'objet qui m'occupe, ce n'est pas eux qu'il faut citer, c'est leur posterité, elle seule peut temoigner en leur faveur.

Il est assez a croire que la perfection de notre nature, doit tenir à un certain equilibre entre la force du corps et celle de l'esprit; si nous examinons les monumens anciens nous les y voyons egalement empreintes; chez les anciens l'esprit et le corps se prétoient un appuy mutuel; les statues antiques qui nous sont restées repondent à cette idée, et si nous consultons les traditions qui nous viennent d'eux, tout nous dit que leur maniere de vivre simple et frugale, et leur vie laborieuse, devoient former des hommes sains de corps et d'esprit ; tels ; qu' il en falloit pour poser les premiers fondemens de l' edifice social, et qu' il en faudra toujours pour le conserver.